Claudia Gunkel

Sportliche Leistungsfähigkeit unter besonderen klimatischen Bedingungen

GRIN Verlag

Bibliografische Information der Deutschen Nationalbibliothek:

Die Deutsche Bibliothek verzeichnet diese Publikation in der Deutschen National-
bibliografie; detaillierte bibliografische Daten sind im Internet über http://dnb.d-
nb.de/ abrufbar.

Impressum:

Copyright © 2010 GRIN Verlag, Open Publishing GmbH
Druck und Bindung: Books on Demand GmbH, Norderstedt Germany
ISBN: 978-3-640-69494-5

Dieses Buch bei GRIN:

http://www.grin.com/de/e-book/157321/sportliche-leistungsfaehigkeit-unter-
besonderen-klimatischen-bedingungen

Sportliche Leistungsfähigkeit unter besonderen klimatischen Bedingungen

Professur für

Physische Geographie und Landschaftsökologie

Mathematisch-Geographische Fakultät

der Katholischen Universität Eichstätt-Ingolstadt

Eingereicht von:

Claudia Gunkel

Inhaltsverzeichnis

Abbildungsverzeichnis

Vorwort

Die Entwicklung des „Kunstwerks Mensch" vor Jahrmillionen spiegelt sich in einem einzigen Bewegungsablauf ab, an dem sämtliche Regionen der Gehirns und aller Organe des menschlichen Körpers beteiligt sind. Diese stellt sich im Sport besonders deutlich dar. Der Organismus wird ständig herausgefordert und zu neuen Höchstleistungen gebracht. Im Leistungssport stehen alle Zielsetzungen unter einem besonderen Zeitdruck. Wer über die effizientesten Trainingsmethoden auf allen Ebenen - von der Biomechanik über die Ernährung bis zur Psychologie - verfügt, hat eine höhere Chance, zu gewinnen. Dazu müssen auch äußere Rahmenbedingungen wie Temperatur oder Luftfeuchtigkeit stimmen. Über das menschliche Verhalten ist reichlich theoretisches und Anwendungswissen vorhanden. Deshalb muss die Fülle des Wissens auf die praktisch anwendbare Menge reduziert werden. Dazu gilt das „Prinzip der minimalen Intervention" (Kanfer et al., 1991: 37) ganz besonders im Höchstleistungsbereich (vgl. Kogler 2006: 6).

Die vorliegende Arbeit umfasst eine Zusammenführung von sportlicher Leistungsfähigkeit auf der einen Seite und die klimatische Beeinflussung auf den menschlichen Körper auf der anderen Seite. Vor dem Hintergrund des globalen Klimawandels werden im zweiten Teil zukünftige Klimaverhältnisse sowie -schutz in Verbindung mit Sport, deren organisationaler Struktur und möglichen Handlungsfeldern aufgezeigt.

1. Definition sportliche Leistungsfähigkeit

Der Begriff *Leistung* findet im Sport zunächst sehr weitläufig Anwendung. Als höhere Leistungen gelten vorwiegend größere Geschwindigkeiten, größere Höhen und Weiten in den Sprung- und Wurfdisziplinen, aber auch höhere Punktzahlen bei technischen Sportarten. Häufig werden hierbei nicht nur die Schwierigkeitsgrade, sondern auch der „künstlerische Ausdruck" bewertet.

In den Sprintdisziplinen (bspw. Radsport) sowie den Ausdauer-Sportarten wird der Begriff *sportliche Leistungsfähigkeit* auch in seinem engeren, physikalischen Sinne angewandt. Sowohl im Rudersport als auch im Radsport korreliert die vom Sportler zu erbringende, physiologische Leistung besonders eng mit der effektiv messbaren physikalischen Leistung. Dabei wird der Energieumsatz pro Zeiteinheit gemessen. Demgemäß sind in den letzten Jahrzehnten neuartige Leistungstests und Verfahren der Leistungsdiagnostik entwickelt worden, die in erster Linie auf Fahrradergometern bzw. auf Laufbändern durchgeführt werden. Dabei wird die hier erbrachte physikalische Leistung ins Verhältnis zu verschiedenen anderen Parametern gesetzt: Sauerstoff-Aufnahme, Herzfrequenz, Atem-Volumen, gepumptes Blutvolumen/Zeiteinheit, Laktat-Konzentration etc. Aus der effektiven Leistungsdiagnostik werden anschließend umfangreiche Anregungen zur Trainingsgestaltung entwickelt (vgl. Kogler 2006: 6).

Kritische Vertreter der Trainingslehre und Sportwissenschaft argumentieren jedoch demgegenüber, dass es hierbei zu einer Überbetonung der physikalischen Aspekte der Leistungserbringung kommt. Während im weiteren Sinne leistungsbestimmende Faktoren wie Erholungsfähigkeit, Laktatabbau und dergleichen durchaus in die Begrifflichkeiten der *sportlichen Leistungsfähigkeit* einbezogen werden können, stehen wesentliche Aspekte wie Willenskraft, „Tagesform" usw. eher im Hintergrund. Diese psychologischen Merkmale sind Gegenstand sportpsychologischer Forschung und haben zur Entwicklung sportspezifischer psychologischer Testverfahren wie zum Beispiel dem sportbezogenen Leistungsmotivationstests SMT (vgl. Frintrup & Schuler 2007: 11) geführt.

In dieser Arbeit wird vordergründig die *sportliche Leistungsfähigkeit* unter subtropischem und tropischem Klimaeinfluss beschrieben.

2. Klimaeinfluss auf den menschlichen Körper unter Berücksichtigung der sportlichen Leistungsfähigkeit

Um den Einfluss der Klimas auf die sportliche Leistungsfähigkeit des Menschen verstehen zu können, bedarf es der Erklärung des Systems der Thermoregulation. Im weiteren Verlauf dieses Kapitels wird insbesondere auf Bereiche der tropischen und subtropischen Klimate eingegangen.

2.1 Körperkerntemperatur und Thermoregulation

Zu einem wesentlichen überlebenswichtigen Instrument des menschlichen Körpers zählt das System der Thermoregulation. Durch äußere Klimaeinflüsse wird es stets beeinflusst und kann aus dem Gleichgewicht gebracht werden. „Der Mensch ist als gleichwarmes Lebewesen auf eine konstante Erhaltung seiner Temperatur auf einen Sollwert von etwa 37°C angewiesen. Das thermoregulatorische System sorgt [...] dafür, dass unter Bedingungen, bei denen eine Erhöhung der Körpertemperatur auftritt, diese zusätzliche Wärme wieder an die Umgebung abgegeben wird und somit die Homöostase (Temperaturgleichgewicht) des Körpers gewahrt bleibt." (Dickhuth 2004: 9).

Der Mensch gehört somit zu den homoiothermen Lebewesen, da seine Körperkerntemperatur im Mittel 37°C beträgt und in dieser Höhe nahezu konstant gehalten wird. Forscher berichten trotzdem, dass Rektaltemperaturen von 25°C und 43°C überlebt wurden (vgl. Haas 1968: 14).

Beeinflussung der Körperkerntemperatur

Im Wesentlichen kann die Körpertemperatur auf zweifache Art beeinflusst werden. Einerseits können thermische Bedingungen, unter denen der Mensch lebt, zu gleichsinnigen Körperkerntemperaturveränderungen führen. Andererseits kann die Wärmeproduktion in den Körpergeweben die Körpertemperatur verändern. Bei Muskelarbeit, die kurzfristig den Ruhestand um das dreißigfache steigern kann, kommt es zu einer erheblichen Wärmebildung im Organismus. Die Konsequenz der Körpertemperatur ist nur dann gewährleistet, wenn Wärmegewinn und -verlust einander entsprechen. Konvektion, Strahlung und Schweißverdunstung auf der Haut sind die wirksamen Faktoren bei der Erhaltung des Wärmegleichgewichts. Der Schweißbildung und -verdunstung kommt dabei besondere Bedeutung zu (vgl. Hass 1968: 14).

Thermoregulation bei sportlicher Belastung

Unter sportlicher Belastung steigt infolge des Energieumsatzes in der arbeitenden Skelettmuskulatur die Wärmeproduktion stark an. Die arbeitende Muskulatur und die Umgebungshitze sorgen hierbei für die direkte Wärmeproduktion. Daraus resultiert die Zunahme der Körperkerntemperatur. Durch Temperaturfühler wird diese gemeinsam mit der Hauttemperatur an den Hypothalamus, die zentrale Steuerstelle der Thermoregulation (Zwischenhirn), weitergeleitet. Übersteigt die von den Temperaturfühlern gemeldete Temperatur den Sollwert (37°C), so werden unter Steuerung des Hypothalamus Mechanismen aktiviert, die eine vermehrte Wärmeabgabe an die Umgebung ermöglichen (Erweiterung der Blutgefäße). Durch die Weitstellung der Hautgefäße und Steigerung der Auswurfleistung des Herzens (Herzminutenvolumen) kommt es zur erhöhten Hautdurchblutung. Die rasch verteilte entstandene Wärme auf der Körperhülle wird durch verschiedene Mechanismen an die Umgebung abgegeben: durch Verdunstung von Schweiß (evaporative Wärmeabgabe), Wärmestrahlung, direkte Wärmeabgabe über die Luftströmung (Konvektion) und Wärmeleitung (Konduktion). Die Wärmeabgabe erfolgt größtenteils über das Schwitzen - pro Liter in Hautnähe verdunstetem Schweiß wird dem Körper etwa 625 Watt (9 kcal/min) Wärmeenergie entzogen. Hingegen trägt Schweiß, der vom Körper abtropft oder nicht direkt auf der Haut verdunstet, nicht zur Wärmeabgabe bei. Strahlung, Konvektion und Konduktion leisten unter normalen Umgebungstemperaturen (18°C) einen zusätzlichen Beitrag zur Wärmeabgabe, der in etwa ein Viertel der Gesamtwärmeabgabe ausmacht. Das tatsächliche Temperaturempfinden wird neben der vorherrschenden Außentemperatur durch die Luftfeuchtigkeit, einwirkende Strahlung und der dem Körper zugewandten Luftströmung modifiziert (vgl. Dickhuth 2000: 10ff).

Grenzen der Thermoregulation

Die Grenzen der Thermoregulation unter körperlicher Belastung (im Sinne von Sport) werden durch zwei Faktoren bestimmt. Einerseits spielt die im Muskel produzierte Wärmemenge und die damit geleistet Muskelarbeit eine entscheidende Rolle. Beispielsweise produziert ein 65 kg schwerer Marathonläufer bei einer Endzeit von 2:10 Stunden etwa 140 Watt (20 kcal/min) Wärmeenergie. Die Umgebungsbedingungen stellen den zweiten Faktor dar. Abhängig dieser gibt der Körper unterschiedliche Mengen an Wärmeenergie ab (vgl. Dickhuth 2004: 11ff.). Abbildung 1 beschreibt die zu erwartende Thermobilanz bei sportlicher Belastung bei unterschiedlicher Umgebungstemperatur und Luftfeuchtigkeit. Die Wärmeenergieabgabe erfolgt, wie bereits erwähnt, durch Konvektion, Konduktion, Abstrahlung und Schweißverdunstung.

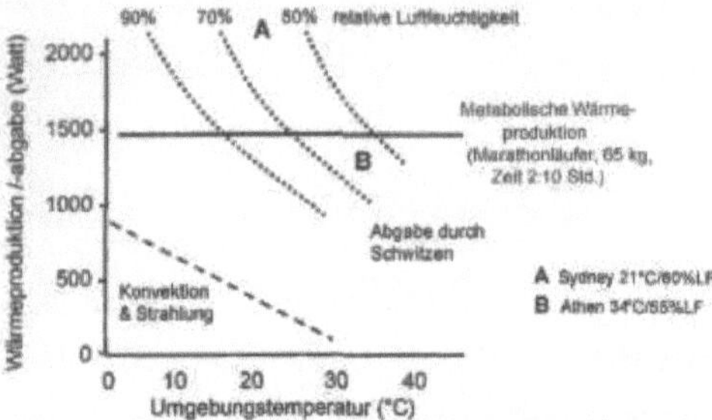

Abb. 1: Zu erwartende Thermobilanz bei sportlicher Belastung bei unterschiedlicher Umgebungstemperatur und Luftfeuchtigkeit (LF).

Einen relevanten Beitrag zur Temperaturabgabe leisten bei niedrigen Temperaturen die drei
erst genannten Mechanismen. Jenseits von 30°C Außentemperatur verlieren Sie doch ihrer
Wirksamkeit. Somit ist der Sportler ausschließlich auf die Wärmeabgabe über das Schwitzen
angewiesen. Diese ist ebenfalls limitiert. Die maximal mögliche Wärmeabgabe (Punkt B in
Abbildung 1) läge unterhalb der Wärmeproduktion (horizontale Linie).

„Bei zunehmender Luftfeuchtigkeit sinkt die Schweißverdunstungsrate, was erklärt, dass bei
gleicher Umgebungstemperatur die Thermobilanz unter hoher Luftfeuchtigkeit deutlich un-
günstiger ausfällt als unter trockenen Bedingungen. Dies wird insbesondere bei einer Luftfeuchtigkeit von über 60% zum Problem." (Dickhuth 2004: 11ff.).

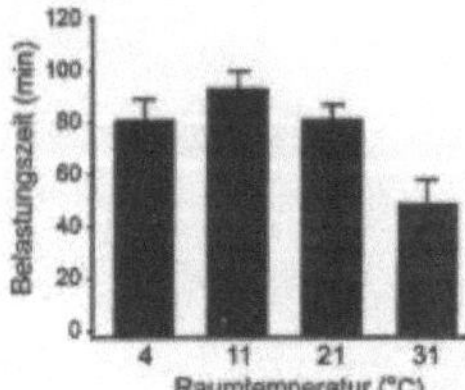

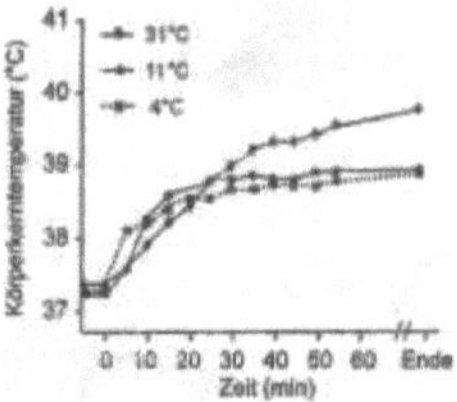

Abb. 2: Einfluss der Umgebungstemperatur auf die erreichte Belastungszeit bei erschöpfender fahrradergometrischer Dauer-
belastung bei 70% der maximalen Sauerstoffaufnahme (links). Korrespondierender Verlauf der Körperkerntemperatur
(rechts).

Der kontinuierliche Anstieg der Körperkerntemperatur wie in Abbildung 2 (Fahrrad fahren)
würde eine Reduktion der Belastungsintensität nach sich ziehen oder den Sportler zum frühe-
ren Belastungsabbruch führen.

2.2 Innere und äußere Einflussfaktoren auf die Wärmeregulation des menschlichen Organismus

Die Thermoregulation kann durch weitere Faktoren beeinflusst werden. Anhand höherer maximaler Sauerstoffaufnahme gemessen kann durch einen besseren Trainingszustand eine erhöhte Hitzeverträglichkeit mit entsprechend geringeren physiologischen Reaktionen wie Herzfrequenzanstieg und Abnahme der Herzleistung nachgewiesen werden. Eine genetisch bedingte individuelle Veranlagung darf nicht in den Hintergrund gerückt werden. So können Athleten südeuropäischer Länder gegenüber Nordeuropäern beispielsweise besser mit extremen Temperaturen umgehen.

Ein deutlicher *Schlafmangel* kann sich ebenfalls negativ auf die Hitzeverträglichkeit unter Belastung auswirken. *Infekte* erhöhen die Wärmeempfindlichkeit und können einige Hitzereaktionen des Organismus (höhere Herzfrequenz, vermehrtes Schwitzen) verstärken. Weiterhin bestehen Hinweise darauf, dass der *weibliche Zyklus* die Thermoregulation beeinflussen kann. In der zweiten Zyklushälfte liegt die Körperkerntemperatur der Frau in Ruhe 0,4°C höher als normal. Diese geht mit einer höheren Schwelle der thermoregulatorischen Mechanismen einher. Jedoch wird zunehmend auf den Widerspruch der wissenschaftlichen Erkenntnisse zum Zusammenhang dieser Frage hingewiesen. Auch Sportler mit *Querschnittslähmung* sind durch die Beeinträchtigung der Steuerung von Schweißsekretion und peripherer Gefäßregulation betroffen. Nicht zu vergessen sich die berauschenden Wirkungen von *Alkohol und bestimmten Medikamen*ten (bspw. Antidepressiva oder blutdrucksenkende Medikamente).

Nur wenige Studien existieren über die Wirkung von *Kühlwesten* vor, während oder nach dem Wettkampf/Training, weshalb in dieser Arbeit nur auf diese Thematik hingewiesen wird.

Das sogenannte *„Gewichtmachen"*, definiert als die kurzfristige Reduzierung des Körpergewichts durch Einschränkung der Flüssigkeitszufuhr und provoziertes Schwitzen, um einen Start in eine leichtere Gewichtsklasse zu ermöglichen, können zu erheblichen Gesundheitsgefährdungen bis hin zu plötzlichen Todesfällen führen (vgl. Dickhuth 2004: 19ff.).

Nichtsportler - Sportler

Bei Nichtsportlern ist naturgemäß eine niedrigere sportliche Leistungsfähigkeit nachweisbar, die jedoch im Laufe einer beginnenden sportlichen Belastung höher ansteigt als regelmäßig sportreibende Menschen. Dies entspricht der bereits bekannten reziproken Beziehung von Ausgangswert und Trainingseffekt, dass auch in der Sportpsychologie zutrifft (vgl. Ballentin 1974: 43).

Laut Ballentin (vgl. 1974: 17) wird von jahreszeitlichen Schwankungen in Form einer einfachen Jahreswelle ausgegangen. Dabei sind die Leistungsanstiege in der zweiten Jahreshälfte (Juli bis Dezember) höher als in der Ersten (Januar bis Juni). Dieser Jahresgang ist von kürzeren Schwankungen in dreimonatigen Abständen überlagert.

2.3 Einfluss tropischer und subtropischer Klimate auf die sportliche Leistungsfähigkeit

Vielfach - das gilt insbesondere für die Tropen - muss unter ungünstigen thermischen Bedingungen körperlich gearbeitet werden, sodass die Abgabe der Körperwärme erschwert ist. In einem tropischen Klima ist deshalb bei vielen Arbeiten mit einem Abfall der Leistungsfähigkeit zu rechnen. Neben dem Leistungsabfall stellt auch die verzögerte Erholungsphase (Nachtruhe) ein Problem dar. Mehrere physiologische Reaktionen sind unter dem Einfluss eines tropischen Klimas anders. „So haben Untersuchungen gezeigt, dass im feuchtwarmen Klima die Hautdurchblutung zunimmt. Dabei kommt es zu einem Anstieg der Pulsfrequenz und des Herzschlagvolumens. Diese Mehrarbeit des Herzkreislaufsystems, die auch bei körperlicher Belastung zu beobachten ist [...], geht auch mit einer gesteigerten Respirationstätigkeit einher [...]." (Haas 1968: 15).

Klimakammerversuche sind nicht geeignet, über die Belastungen durch ein tropisches Klima verbindliche Auskunft zu geben, da die Hitzeexposition und Hitzearbeit zumeist nur während einiger Stunden erfolgt. Die Dauerexposition - wie sie in den Tropen gegeben ist - wird wenig berücksichtigt. Untersuchungen im natürlichen Tropenklima haben deshalb ihre besondere Bedeutung. Für gesunde Menschen stellen die Bedingungen in den Tropen eine Belastung dar. Eine erschwerte Wärmeabgabe wird als unangenehm empfunden ebenso wie die Wärmeproduktion bei körperlicher Arbeit, wenn die Wärmeabgabe mit Hilfe der Schweißverdunstung erfolgen muss. Diese Fakten spielen womöglich für die Hitzeadaption und für die Leistungsminderung in den Tropen eine Rolle.

In dieser Arbeit liegt der Fokus auf der Beeinflussung der sportlichen Leistungsfähigkeit durch tropische und subtropische Klimate. Wie Abbildung 3 nochmals verdeutlicht, stellt der äußere Einfluss durch erhöhte Temperaturen für die Körperkerntemperatur und die Thermoregulation einen bedeutenden Faktor dar. Die Darstellung zeigt internationale Sportgroßveranstaltungen der Leichtathletik hinsichtlich ihrer klimatisch vorherrschenden Außentemperaturen und den entsprechend erreichten Marathonlaufzeiten des ersten und zehnten Läufers.

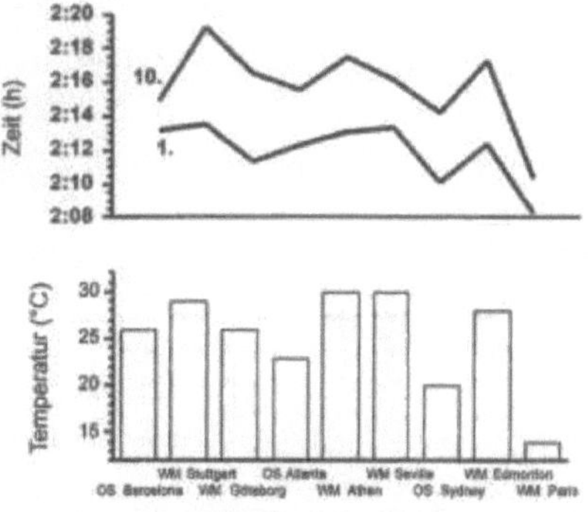

Die Außentemperaturen korrelieren mit den Umgebungstemperaturen: je höher die Temperatur, desto länger benötigt der Läufer für den Marathonlauf.

Abb. 3: Während des Wettkampfes herrschende Außentemperaturen und erreichte Marathonzeiten des 1. und 10. Läufers bei den internationalen Leichtathletikmeisterschaften der vergangenen Jahre (1992 – 2003).

Im Folgenden werden mögliche Konsequenzen für die sportliche Leistungsfähigkeit durch erhöhte Außentemperaturen nach Dickhuth (2004: 14-26) näher erläutert.

Hitzestress

Eine Überhitzung des Körpers folgt stets ein leistungsmindernder Effekt. Im Speziellen umfasst dies eine Verringerung von Muskeldurchblutung, die aus einer Verringerung des Plasmavolumens bei gleichzeitig stark erhöhter Durchblutung der Haut resultiert. Häufige Folgen bei stärkerer Ausprägung sind eine Abnahme der zentralen motorischen Tätigkeit oder Beeinträchtigung der Konzentration und Koordination. Weitere Effekte umfassen einen vermehrte Beanspruchung der muskulären Kohlenhydratspeicher und eine Störung der Elektrolytverteilung im Bereich der Muskelmembran. Beide äußern sich in einer erhöhten Krampfbereitschaft. Vor allem bei längeren Ausdauerbelastungen sind diese leistungsmindernden Effekte zu erwarten. Lokal-muskuläre Auswirkungen können jedoch auch die Schnellkraftsportarten betreffen. Beschleunigt wird dieser Effekt durch das meist vorgeschriebene Tragen einer Schutzbekleidung bei zahlreichen Sportarten.

Hitzeadaption

Erstaunlicherweise besitzt der menschliche Organismus eine rasche Anpassungsfähigkeit an Hitzebedingungen. Der Verlauf der Hitzeadaption beschreibt das Verhalten der Körperkerntemperatur unter wiederholten sportlichen Belastungen bei erhöhten Umgebungstemperaturen. Nachgewiesen wurde hier ein langsamer Anstieg der Kerntemperatur mit gleichzeitig deutlicher Verlängerung der erreichten Belastungsdauer (zum Vergleich Abbildung 4). Die Verbesserung der Schwitzfunktion leistet einen wesentlichen Beitrag zur Hitzeanpassung.

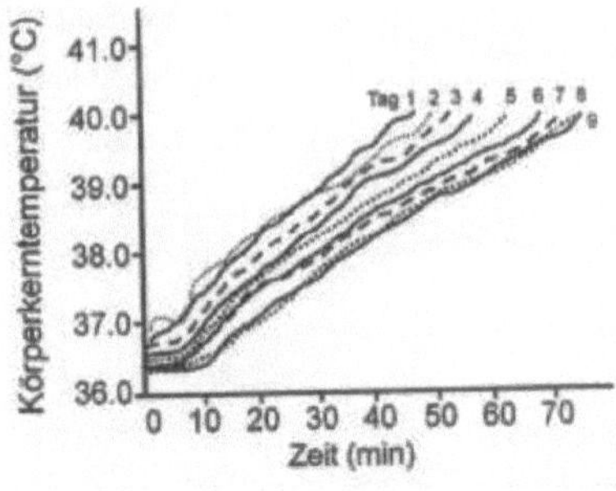

Abb. 4: Temperaturverlauf bei täglich wiederholten erschöpfenden Dauerbelastungen (Fahrradergometer) bei 60% der maximalen Sauerstoffaufnahme bei 40°C Raumtemperatur.

Im Verlauf der Adaption kommt es neben einer Zunahme der produzierten Schweißmenge zur Verringerung der Temperaturschwelle, an der das Schwitzen beginnt. Weiterhin kommt es zu einer Verbesserung der Regulation der Hautgefäße, das den Wärmetransport zur Körperhülle begünstigt. Durch die Zunahme des Plasmavolumens - ein weiterer Anpassungsmechanismus - wird eine längere Aufrechterhaltung eines ausreichend zentralen Blutvolumens ermöglicht und die gute Durchblutung der arbeitenden Muskulatur und der Haut gefördert. Der durch Hitzeanpassung geringe Anstieg der Körperkerntemperatur führt sowohl zum verminderten Herzfrequenzanstieg als auch Beanspruchungsempfinden.

Unter diesen Mechanismen kann eine Anpassung von 80-90% innerhalb einer Woche erzielt werden. Vorrausetzungen bilden immer die Trainingsbelastungen unter erhöhten Temperaturen. Die Körperkerntemperatur stellt sich langfristig auf einem höheren jedoch annährend konstanten Niveau ein.

Hitzeerkrankungen

Hitzeerkrankungen im Sport werden als eine lokale und generelle Störung der Thermoregulation definiert, die aufgrund einer übermäßigen Hitzeexposition oder Hitzeentwicklung in Ruhe oder unter körperlicher Belastung entsteht. Auslösende Faktoren sind wiederum hohe Lufttemperaturen und Luftfeuchtigkeit, die durch einen geringe Windgeschwindigkeit am Körper oder eine hohe Hitzestrahlung direkt durch die Sonne verstärkt werden (in Abhängigkeit von Intensität und Länge der Belastung). Häufige Hitzeerkrankungen sind Hitzekrämpfe, Hitzeerschöpfung und Hitzschlag.

Hitzekrämpfe

Hitzekrämpfe sind ein Warnsignal, dass der Körper mit der Hitze und den Wasser- und Elektrolytverlusten nicht mehr fertig wird. Mit diesen ist vorwiegend bei langwährenden körperlichen Belastungen wie Marathonwettkämpfe, Gehwettkämpfe, Straßenradfahren usw. zu rechnen. Vor allem durch hohe Elektrolyt- und Flüssigkeitsverluste werden Hitzekrämpfe hervorgerufen. Zunächst ist die jeweils belastete Muskulatur (z.B. beim Laufen Oberschenkel- oder Wadenmuskulatur) betroffen. Bei ausgeprägtem Wasser- und Elektrolytverlust kann es auch zu Krämpfen in anderen Bereichen der Muskulatur sowie Magen- und Darmkrämpfen kommen.

Meist muss die sportliche Belastung abgebrochen und der Körper umgehend mit ausreichend Flüssigkeit versorgt sowie gekühlt werden. Dabei sollte kein reines Wasser verabreicht werden, sondern ein isotonisches Getränk, welches einen entsprechenden Elektrolytanteil (v.a. Natrium) aufweist. Bei konstanten weiter bestehenden Krämpfen muss der Sportler ärztlich behandelt werden. Eine sinnvolle Fortsetzung des Wettbewerbs ist in der Regel nicht möglich.

Cave Hyponatriämie

Cave Hyponatriämie entsteht durch große Flüssigkeitszufuhr während des Wettkampfes in Form von reinem Wasser. Das Blut wird dadurch so verdünnt, dass die Konzentration an Natrium absinkt (Hyponatriämie). Resultierend daraus kann es zu Wassereinlagerungen im Gehirn kommen - eine lebensbedrohliche Situation. Daher raten Sportexperten immer zur Flüssigkeitszufuhr mit ausreichend Natriumanteil (500-1000mg/l).

Hitzekollaps

Der Hitzekollaps spielt während der körperlichen Belastung keine Rolle. Er tritt meist in Zusammenhang mit hohen Temperaturen in unangepasster Kleidung bei längerer Bewegungslosigkeit oder fehlender Kompensation durch Bewegung auf (Bsp. das Stehen in Reih und Glied bei einer Vorführung bzw. Vorstellung). Typisch ist der plötzliche Schwindel mit Kollapsneigung oder tatsächlicher Bewusstlosigkeit ohne Anzeichen der überhöhten Körperkerntemperatur. Eine Abkühlung sowie Flachlagerung ist häufig ausreichend.

Hitzeschlag

Die milde Form des Hitzeschlags ist der bekannte Sonnenstich. Durch starke Sonneneinstrahlung auf den unbedeckten Kopf sowie ungünstige Kleidung ist der Körper nicht mehr in der Lage, durch die Temperaturregulation die erhöhte Körpertemperatur abzuführen. Diese reichen teilweise bis über 40°C. Die Symptome - die auch ohne körperliche Belastung bei langer Sonnenexploration auftreten können - sind eher zentral bedingt: Kopfschmerzen, Schwindel, Übelkeit, Unruhe oder Nackensteife. Die Haut ist im Gegensatz zur Hitzeerschöpfung eher trocken, rot und überwärmt.

Der Hitzeschlag tritt häufig bei Mittelzeit-Ausdauerbelastungen mit hohen Intensitäten und Muskelgruppeneinsatz (Bsp. Kurztriathlon, Rudern, Zeitfahren im Radsport mit starker Sonneneinstrahlung) auf. Ein ausgebildeter Hitzeschlag, mit Symptomen wie sehr hoher Pulsfrequenz und Bewusstseinsstörungen, ist lebensgefährlich.

Hitzeerschöpfung

Der menschliche Organismus ist bei der Hitzeerschöpfung nicht in der Lage, mit dem Hitzestress der gebildeten Wärme bei gleichzeitig ungünstigen äußeren Umständen fertig zu werden. Lange oder hochintensive körperliche Belastungen, zu der auch Feldarbeiten in subtropischen Bereichen zählen, bilden die Ursache. Begünstigt werden diese durch Flüssigkeits- und Elektrolytverlust.

Typische Symptome sind heftiges Schwitzen, in der Regel kühle, meist feuchte Haut, eine deutlich erhöhte Körpertemperatur (meist über 39°C) sowie allgemeine Symptome wie Schwäche, Müdigkeit, schwacher Puls und erniedrigter Blutdruck. Dadurch wird die sportliche Leistungsfähigkeit deutlich herabgesetzt. Wird die körperliche Belastung jedoch fortgesetzt, kann es zusätzlich zu Kreislaufstörungen bis hin zum lebensbedrohlichen Schock kommen. Oft sind Sportler hier selbst nicht mehr in der Lage, dies richtig einzuschätzen. Hier müssen Betreuer eingreifen. Der Aufenthalt in kühler Umgebung ist meist ausreichend, um das körperliche Wohlbefinden wieder zu stabilisieren.

2.4 Empfehlungen und Hinweise

Um einen sportlichen Wettkampf mit zufriedenstellenden Ergebnissen liefern zu können, sollten in subtropischen und tropischen Regionen laut Hollmann et al. (vgl. 2009: 25ff.): folgende Empfehlungen und Hinweise beachtet werden.

Allgemeine Verhaltensregeln und Kleidung
- Schattige Plätze mit ausreichender Luftzirkulation
- Schlafen und ruhen in kühleren, jedoch nicht zu kalten Umgebungen
- Klimaanlagen nicht zu kalt regulieren (trockene Luft reizt Schleimhäute der oberen

Luftwege

- Gefahr von Erkältungskrankheiten
- lockere, keinen „zugeschnürte" Kleidung
- dünnes, Feuchtigkeit aufsaugendes, atmungsaktives Gewebe
- helle Farben der Kleidung wählen
- helle Kopfbedeckung mit Nackenschutz
- regelmäßiger Eincremen mit Sonnenschutzcreme mit hohem Lichtschutzfaktor (auch im Schatten)
- Sonnenbrille mit UV-Schutz

Training und Wettkampf

- Akklimatisierung vorher einplanen
- vollständige Hitzeadaptation: mind. 8-14 Tage mit regelmäßiger körperlicher Belastung von täglich mind. 60-90 Minuten in der Hitze
- intensive Trainingseinheiten auf die kühlen Morgen- und Abendstunden verlegen
- „Warmmachen" vor dem Wettkampf und „Cool Down" nach dem Wettkampf unter schattigen Bedingungen

Ernährung

- Das Wichtigste: Trinken, trinken, trinken! (1-3l höher als bei normalen Bedingungen)
- zur besseren Speicherung der Flüssigkeit: hoher Gehalt an Natrium (>400mg/l) und Magnesium (80-100mg/l)
- keine eiskalten, sondern kühle Getränke
- wenig kohlensäurehaltige Getränke
- keine koffeinhaltigen und alkoholischen Getränke
- Selbstkontrolle der Flüssigkeitshaushalts: regelmäßiges Wiegen unter gleichen Bedingungen und Urinüberprüfung
- viel frisches Obst und Gemüse (Kaliummenge benötigt wegen Schweißverlust)
- Prinzip anwenden: „braten, kochen, schälen oder verzichten"

Trinken beim Training und bei Wettkämpfen

- Vor: nicht zu viel und nicht zu wenig trinken (lange Belastungsdauer mind. 500ml eine halbe Stunde vorher)

- Während: in regelmäßigen Abständen trinken (alle 15-20 min) jeweils 150-200ml (pro Stunde 800-1000ml)
- bei längerer Belastung über 30 min sollte das Getränk 3-8% Kohlenhydrate enthalten
- Nach: Flüssigkeitsverlust ausgleichen - erhöhte Kohlenhydrat- und Kaliumkonzentration

Gewichtsreduktion („Gewichtmachen")

Frühzeitig müssen die Körperfett- und Körpergewichtsmessungen realistisch festgelegt werden, um die Gewichtsreduktion vor dem Wettkampf zu vermeiden. In Sportarten mit Gewichtsklassen werden Körpergewichtsveränderungen von maximal 3% des Körpergewichts, verteilt über den Zeitraum von 5-7 Tagen vor dem Wettkampf, für akzeptabel gehalten.

3. Sportorganisationen im Kontext zukünftiger Klimaverhältnisse

Seit den Klimaschutzkonferenzen von Rio im Jahr 1992 und von Kyoto im Jahr 1997 haben sich die Rahmenbedingungen weltweit geändert. Zu ihrer Verantwortung haben sich die Staaten zu einem globalen Klima- und Umweltschutz bekannt. Durch einen Brückenschlag gilt es in der nationalen Politik, eine Verbindung zwischen den Zielen des Klimaschutzes sowie den Maßnahmen in der Gesellschaft und somit den Möglichkeiten des Sports herzustellen. Der Sport steht innerhalb der Gesellschaft. Er ist Botschafter und Verursacher zugleich. Daher wird auch im Sportbereich Anstoß zur nachhaltigen Entwicklung und zur Innovation gegeben (vgl. Neuerburg 2001: 15).

Grundgedanken: Theorie gesellschaftlicher Systeme

Die *Theorie gesellschaftlicher Systeme* beschreibt, wie Organisationen handeln. Auf der einen Seite entsteht ein Zusammenhang zwischen immer mehr Spezialisierung und Professionalisierung - hingegen andererseits die kontraproduktive Vernachlässigung wichtiger, über das System hinausreichender Beziehungen mit der Inkaufnahme der Schädigung eigener Interessen. Durch Ausbildung spezialisierter Subsysteme optimieren Organisationen ihre traditionell verstandenen Aufgaben. Im Sport sind dies etwa:

- Erfolge im Leistungssport
- Steigerung der Mitgliederzahl
- Mobilisierung öffentlicher Mittel

- Absicherung ehrenamtlicher Arbeit
- Optimierung der steuerlichen Behandlung
- Abwehr von Einschränkungen

Im Normalfall sind professionelle Organisationen tendenziell kurzsichtig gegenüber den externen Effekten ihres Handelns. Dies können auch negative Rückkopplungen auf ihre eigenen zukünftigen Handlungsmöglichkeiten treffen, was gerade im Umweltbereich immer wieder deutlich wird.

Obendrein neigt der handelnde Mensch dazu, sich eher auf Probleme einzustellen als diese abzustellen. Das, was dem Menschen seine Überlebensfähigkeit und seinen dominierende Rollen eingebracht hat, seine überaus starke Anpassungsfähigkeit, kann bei der Zukunftsbewältigung zum Problem werden (vgl. Neuerburg 2001: 43).

„Sind beim Sport Bedenken und Schwellenangst erst einmal vermindert, wird auch die Handlungsbereitschaft zu Hause oder im Beruf gemindert." (Neuerburg, 2001: 5).

Heute ist es dringender denn je notwendig, rasch und entschlossen dort zu handeln, wo es Handlungsmöglichkeiten gibt. Diese sind im Sportsystem reichlich vorhanden. Zunächst ist der Verbrauch nicht erneuerbarer Energien in der Sportinfrastruktur zu nennen. Dieser ist auf die Bereiche Heizung, Lüftung, Warmwasser und Beleuchtung zu reduzieren, aber auch bei der Produktlinie der Baustoffe für Bau und Umbau anzuwenden. Laut Neuerburg (2001: 5ff) liegt allein im Sektor Heizung, Lüftung und Warmwasser ein Einsparpotenzial, dass der Vermeidung von jährlich 1 Million Tonnen CO_2-Ausstoß entspricht. Weiterhin ist der Energiebedarf der sportlichen Mobilität zu nennen. Hierbei stellt der steigende Energieverbrauch durch sportbezogene Urlaube ein spezielles Problem dar.

Kommunen

Vor allem die Kommunen als wichtigster Träger der Sportstätten stehen in der Verantwortung, dem Klimaschutz gerecht zu werden. Dabei kann sogar mittelfristig Geld gespart werden, denn es gibt längst hervorragende Möglichkeiten, umweltverträglich und gleichzeitig wirtschaftlich Sportstätten zu betreiben.

Unausweichlich sind daher die sorgfältige Standortwahl für Sportstätten, ein an Sportbedürfnisse angepasstes Angebot im Öffentlichen Verkehr, verbesserte Rahmenbedingungen der Nutzung für Fahrradfahrer und Fußgänger sowie bewusstseinsbildende Maßnahmen. All diese

Gegebenheiten sind für eine nachhaltige Entwicklung unabdingbar.

Bundesregierung

Trotz der ehrgeizigen Ziele der Bundesregierung zur Senkung der CO_2 Emissionen, dessen Erfolge hauptsächlich auf die Einsparungen in der Industrie zurückgehen, haben dessen ungeachtet im Bereich Verkehr zugenommen. Trotz erster Anfangserfolge wird das ehrgeizige Ziel nur dann zu erreichen sein, wenn alle gesellschaftlich relevanten Gruppen ihren Beitrag zu einem ressourcen- und klimaschonenden Umgang mit Energie leisten. Innovative Maßnahmen sind gefragt: Nutzung moderner Energiespartechnik, Schaffung von Anreizen zur Energieeinsparung sowie die Erhöhung des Anteils erneuerbarer Energien. Einen Verdopplung der letzten Maßnahme wurde mit der Erfüllung bis 2010 beschlossen, jedoch nicht geradlinig durchgesetzt (vgl. Neuerburg 2001: 7).

Heutige Klimaverhältnisse

Das Jahr 2000 war mit einem Jahresmittelwert von 9,9°C das Wärmste des vergangenen Jahrhunderts in Deutschland. Die Erde wird langsam aber sicher zu heiß und sie erwärmt sich offenbar schneller als erwartet. Die Zunahme der Durchschnittstemperatur auf der Erde schwankt je nach Forschungsergebnissen zwischen 3,5°C bis 5,8°C. Folgen wie extrem lang anhaltenden Dürren im Sommer und winterliche Stürme und Überflutungen werden sich intensivieren. Die Hauptursache der Erderwärmung liegt in der stetig steigenden Konzentration von Kohlendioxid (CO_2) und anderen Treibhausgasen wie Methan (CH_4) und Stickstoff (N_2O). Jährlich werden durch die Verbrennung von fossilen Energieträgern wie Kohle, Öl und Gas weltweit über 21 Milliarden Tonnen Kohlendioxid freigesetzt.

In den folgenden Abschnitten werden diese Klimadaten noch einmal aufgenommen und diskutiert.

3.1 Klimawandel und sportliche Leistungsfähigkeit

Seit dem Beginn systematischer meteorologischer Aufzeichnungen (1861) stieg die global gemittelte Temperatur um ca. 0,6°C. Nach Angaben der NASA stieg die Temperatur auf der Erde in den vergangenen 100 Jahren um 0,8 Grad Celsius, wobei allein 0,6 Grad auf die vergangenen 30 Jahren entfielen. Hierbei kann man, wie auch Abbildung 5 zeigt, von der stärksten Temperaturerhöhung während der letzten 1000 Jahre auf der nördlichen Erdhalbkugel ausgehen. Darüber hinaus war das wärmste Jahrzehnt zwischen 1990 bis 2000. Berechnungen zufolge traten die vier wärmsten Jahre innerhalb der letzten 10 Jahre auf. Damit lägen die fünf wärmsten Jahre insgesamt nur kurze Zeit zurück - dem Rekordjahr 2005 folgen 1998, 2002, 2003 und 2004. Einige Experten hätten erwartet, dass es im bisherigen Rekordjahr 1998 wärmer gewesen sei als 2005, doch damals habe es einige Sonderfaktoren gegeben, etwa besonders warme Strömungen im Pazifik durch El Niño (vgl. o.A. 2006).

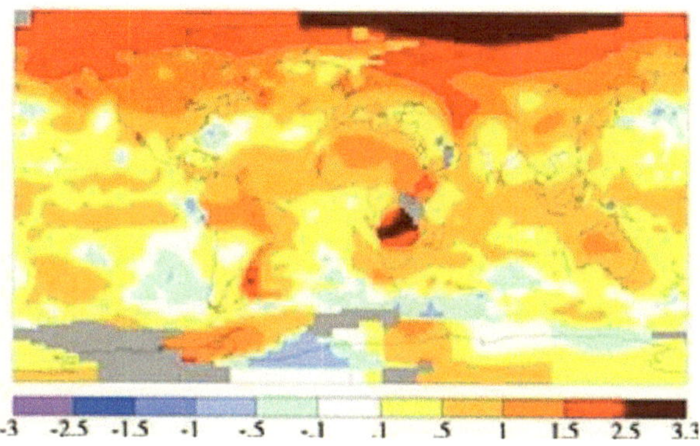

Abb. 5: Durchschnittstemperaturen im Jahr 2005: Dunkelgraue Bereiche zeigen Erwärmung, weiße Felder Abkühlung.

Folgen wie das Sinken der Schneebedeckung der Nordhemisphäre, die verringerte Dauer der Eisbedeckung von Seen und Flüssen oder die Zunahme der Niederschläge über den mittleren und höheren Breiten der Nordhemisphäre sind sicherlich nur einzelne Auswirkungen des sich zunehmend beschleunigenden Klimawandels. Bereits heute kann mittels einer Vielzahl wissenschaftlicher Studien nachgewiesen werden, dass sich unser Klima in den letzten zwei Jahrhunderten wesentlich verändert hat.

Treibhauseffekt als globales Problem
Für Kohlendioxid (CO_2) stieg die Konzentration seit der Industrialisierung um nahezu 30%. Während der letzten 20.000 Jahre wurden keine vergleichbaren Konzentrationen in der Luft aufgezeigt wie heute. Gleiches gilt für die Methankonzentration (CH_4), die sich ebenfalls mehr als verdoppelt hat. Gleichermaßen ansteigend ist die Stickstoffdioxidkonzentration (N_2O). Alle Konzentrationserhöhungen lassen sich nahezu ausschließlich auf menschliche Aktivitäten zurückführen: Verbrennung fossiler Brennstoffe, Abholzung von Wäldern und bestimmte landwirtschaftliche Praktiken. Natürliche Ursachen für den Klimawandel (wie beispielsweise die Änderungen in der Intensität der Sonnenstrahlung oder Vulkanausbrüche)

hatten während des letzten Jahrhunderts nur einen minimalen Einfluss auf die Entwicklung der Temperaturen. Ohne entsprechende Klimaschutzmaßnahmen werden sich die Treibhausgaskonzentrationen im 21. Jahrhundert noch drastischer erhöhen.

Einhergehend mit der Konzentrationssteigerung der Treibhausgase ist der Temperaturanstieg. Die prognostizierten Temperaturerhöhungen zwischen 3,5 bis 5,8°C wären größer als alle während der letzten Jahrhunderte beobachteten natürlichen Temperaturschwankungen. Zudem ist die Schnelligkeit der Temperaturänderungen nicht außer Acht zu lassen (vgl. Neuerburg 2001: 8ff.).

„Ein globales Problem wie der Treibhauseffekt hat lokale Ursachen und für die sind alle Menschen verantwortlich." (Neuerburg 2001: 13). Dies bedeutet beim Klimaschutz, dass wir vor allem den Energieverbrauch mindern und Energie aus erneuerbaren Quellen fördern. Im Vergleich zum vorindustriellen Zeitalter verbraucht jeder Bürger westlicher Industriestaaten heutzutage tagtäglich so viel Energie, wie es der Arbeitskraft von zehn Menschen entspricht. Ziel ist es, diesen hohen Energieverbrauch, der auf Kosten der ärmeren Länder und der Umwelt geht, auf ein zuträgliches Maß zu senken. Ohne Abstriche der Lebensqualität ist dies möglich.

Maßnahmen zum globalen Klimawandel

Dem globalen Klimawandel kann durch rasches und entschlossenes Handeln mit moderatem Aufwand entgegen gewirkt werden. Es wurden zahlreiche Modellrechnungen durchgeführt, um die Ursachen für den Ausstoß von Treibhausgasen und deren Auswirkungen sowie die sich bietenden Einflussmöglichkeiten zu untersuchen. Diskussionsbedarf bieten stets äußere und innere Faktoren: politische Maßnahmen und Instrumente, Methoden der Kostenberechnung, Kostenauswirkungen auf globaler, regionaler und lokaler Ebene, sektorale Kostenauswirkungen und Fragen der Entscheidungsfindung. Die wichtigste Erkenntnis hierbei ist, dass sich durch technische und organisatorische Maßnahmen sowie durch Verhaltensänderungen die Ursachen des Klimawandels spürbar mindern lassen.

Es wurden zahlreiche Modellrechnungen durchgeführt, um die Ursachen für den Ausstoß von Treibhausgasen und deren Auswirkungen sowie die sich bietenden Einflussmöglichkeiten zu untersuchen.

Der notwendige Umbau unserer Industriegesellschaft im 21. Jahrhundert auf erneuerbare Energiequellen - wie Sonne, Wind oder Wasser - ist künftig unumgänglich. Durch den Wandel in der Energiebereitstellung kann die Freisetzung von Treibhausgasen verringert werden. Dazu können die einzelnen Wirtschaftssektoren einen erheblichen Beitrag leisten. Häufig stehen der Verwendung erneuerbarer Energien hohe Kosten entgegen - grundsätzlich sind durch

Energieeinsparungen jedoch Kostenverringerungen möglich. Diese werden nur zu bewerkstelligen sein, wenn Aufwand betrieben wird und Hemmnisse überwunden werden, weshalb es oftmalig an der Umsetzung scheitert.

3.2 Solaranlagen als innovatives Beispiel für ökologisch nachhaltige Sportstätten

Bei den jährlichen Symposien zur ökologischen Zukunft des Sports geht es vor allem um deren nachhaltige Entwicklung. Potenziale für eine nachhaltige Entwicklung im Sport werden am Beispiel der Solarenergie näher erläutert. Grob gerechnet stehen bei der deutschen Sport-Infrastruktur knapp 30 Millionen Quadratmeter auf Dächern etwa zur solartechnischen Anwendung zur Verfügung. Weiterhin ist von erheblichem Potenzial auf Freiflächen auszugehen. Einsparungen sind insbesondere bei der Beheizung der Sportgebäude möglich. Hinzu kommen vielfältige Umstellungschancen auf umweltverträgliche Mittel bei den Gebäuden - und Freiflächenpflege, im Büro- und Gastronomiebereich sowie bei Abfall. Gerade im Sport gehört, zu einer nachhaltigen Entwicklung, die Anpassung der Naturnutzung in Formen die langfristig naturverträglich sind.

Photovoltaikanlagen und die solare Warmwasserbereitung sind seit den vergangenen Jahren zunehmend auf den Dächern (vor allem bei Sportbauten) sichtbar geworden. Für die solare Warmwasserbereitung spricht die deutlich höhere quadratmeterbezogene Energieausbeute von Sonnenkollektoren im Vergleich zu Solarstrommodulen. Im Jahresmittel kann davon ausgegangen werden, dass ein Quadratmeter Sonnenkollektor zur Warmwasserbereitung ca. drei- bis viermal so viel Energie produziert wie ein Quadratmeter Modulfläche zur Stromerzeugung. Durch ihre geringe energetische Amortisationsdauer (weniger als zwei Jahre) ist die solare Warmwasserbereitung derzeit eine der umweltfreundlichsten Techniken zur Energiegewinnung. Bei richtiger Anwendung ist die Solarthermie ein optimales Instrument zum Klimaschutz.

Sportanlagen bieten verschiedene Voraussetzungen für eine überaus effektive Nutzung der Solarwärme. Neben den hohen Warmwasserverbräuchen, die vordergründig für die Duschanlagen genutzt werden, zählen hier vor allem die großen Dachflächen mit Möglichkeit zur optimalen Ausrichtung. Eine Optimierung der Solaranlagen ist erst nach einer geraumen Betriebszeit möglich. Häufig wird der Grad des Klimaschutzes durch die Umrechnung der Anlagekosten pro vermiedene Tonne Kohlendioxid Ausstoß beschrieben.

Aus einer Vielzahl von Photovoltaikanlagen kann inzwischen Solarstrom aus Sonnenenergie gewonnen werden. Die Erzeugung von Solarstrom geschieht in den Solarzellen, die zu

Photovoltaikmodulen zusammengefasst sind. Zunächst verwandelt die Solarzelle die Sonnen-strahlung in Gleichstrom um. Dem folgend wird dieser wiederum in Wechselstrom mit 230 Volt Spannung - der bekannte „Hausstrom" - umgewandelt.

Das Gesetz zum Vorrang erneuerbarer Energien bietet seit dem 1. April 2000 eine erhöhte Einspeisevergütung durch die Energieversorgungsunternehmen für in das öffentliche Strom-netz eingespeisten Solarstrom. Ein attraktiver Lösungsansatz für Betreiber von Solarstrom wie bspw. Sportstätten. Daher sprechen Experten von einer uneingeschränkt guten Marktposition für Photovoltaikanlagen.

3.3 Klimaschutz und Sport

„Klimaschutz heißt vor allem, den Energieverbrauch und den damit verbundenen Ausstoß von
CO_2 Emissionen maßgeblich zu reduzieren." (Neuerburg 2001: 7).

Klimaschutz ist eine gesamtgesellschaftliche Aufgabe. Das Potenzial des Sports im Rahmen einer nachhaltigen Energiepolitik, zum Beispiel durch verbesserten Wärmeschutz oder durch den Einsatz der „Kraft-Wärme-Kopplung", ist bislang nur unzureichend ausgeschöpft worden. Um Klimaschutzmaßnahmen durchsetzen zu können, bedarf es einer gesamt - gesellschaftli-chen Strategie, die nicht nur auf verbesserte Fördermöglichkeiten setzt. Eines der absehbaren Ziele ist der umweltgerechte Betrieb deutscher Sportstätten (vgl. Eilers 2009: 65).

Klimaschutz: gemeinsames Handeln
Zwingend notwendig ist ein gemeinsames Handeln der internationalen Staatengemeinschaft: Bundesregierung, Bundesländer, Städte und Gemeinden, Wirtschaft, Wissenschaft und jeder Mitbürger/-in. Um die Klimaschutzpolitik voranzubringen und die Klimaschutzziele kosten-günstig zu erreichen, bedarf es eines gebündelten Einsatzes vielfältiger Instrumente und einer breiten Einbeziehung des Klimaschutzes in die hierfür wichtigen Politikfelder.
Eine wichtige Rolle spielen in diesem Zusammenhang die Sportvereine, die nicht nur bei ih-ren eigenen Veranstaltungen und Gebäuden handeln können, sondern auch ein Vorbild für ihre Mitglieder sein können. Zum Klimaschutz im kommunalen Bereich gehören (vgl. Eilers 2009: 32):

- die Berücksichtigung von Klimaschutzaspekten in der örtlichen Planung
- die Verminderung des motorisierten Individualverkehrs

- die Förderung des Fußgängers und Radverkehrs

- die Erhöhung und Verbesserung des ÖPNV-Anteils

- die Energieeinsparung in kommunalen Gebäuden und öffentlichen Einrichtungen

- die Verbesserung der Finanzierungsmöglichkeiten von Energiesparinvestitionen

- die Verbesserung des Wärmeschutzes bei privaten Neubauten

- die Erhöhung des Anteils von Nah-und Fernwärme

- die Nutzung der Möglichkeiten zur rationellen Energieumwandlung

- die Nutzung erneuerbarer Energien

Klimaschutz in Sportvereinen

Der Sport zählt sichtlich nicht zu den größten Energieverbrauchern, doch ist seine Bedeutung nicht zu unterschätzen: Bei zehntausend Sportstätten, knapp hunderttausend Sportvereine mit ca. 27 Millionen im Deutschen Sportbund organisierten Mitgliedern und zusätzlich mehrere Millionen nicht-organisierter Sportlerinnen und Sportler sind auch hier die Klimaschutzaspekt in keinem Fall zu unterschätzen. Sportstätten besitzen erhebliches Potenzial zur Energieeinsparung und -nutzung regenerativer Energien. Durch umfangreiche Fördermöglichkeiten sind Investitionen in den Klimaschutz ökologisch als auch betriebswirtschaftlich sinnvoll.

Hervorzuheben ist hierbei der sogenannte Multiplikatoreneffekt: Attraktiv präsentiert und am eigenen Leib erlebte Energiesparmaßnahmen regen zur Nachahmung im privaten Bereich an. Zur Umsetzung eines verstärkten Klimaschutzes sollten sich prinzipiell der Deutsche Sportbund und seinen Mitgliederorganisationen sowie die Sportverwaltungen als Träger der kommunalen Sportstätten verpflichtet fühlen. Mit einer solchen Selbstverpflichtung würde der deutsche Sport seiner gesellschaftlichen Verantwortung gerecht werden und einen wichtigen Beitrag zu einer nachhaltigen Sportentwicklung leisten (vgl. Dickhuth 2000: 12ff.).

Der umweltgerechte Bau von Sportstätten wird bereits über eine geraume Zeit gefördert. So wurden beispielsweise „Verein(t) für Sport und Umwelt - Umweltbildung und -management im Sportverein" und weitere Initiativen gegründet. Ein Umweltmanagement wurde aufgebaut, das sich der Verringerung des Wasser- und Energieverbrauchs sowie der Abfallvermeidung in den Betriebsabläufen widmet. Die Vermittlung von Umweltqualitätszielen und die Einbindung der Vereinsmitglieder waren weitere wesentliche Schwerpunkte. Mit dem Angebot einer Vielzahl von Umweltbildungsmaßnahmen wird der Sportverein zum ökologischen Lernort.

Gerade die Struktur von Vereinen bietet eine solide Voraussetzung, um den Umweltschutz als integralen Bestandteil festzuhalten. „Kurze Wege" zwischen den einzelnen Mitgliedern fördern die direkte Informationsvermittlung (vgl. Neuerburg 2001: 13ff.). Mögliche operative Handlungsfelder sind:

- Organisation des Umweltschutzes im Verein
- Wasser sparen
- Wärmeverbrauch verringern
- Strom sparen
- Nutzung von Sonnenenergie
- umweltgerechter Einkauf
- Abfallentsorgung und -trennung
- Mobilitätsverbesserung

Maßnahmen zum Klimaschutz

Zur Verringerung der Emissionen von Treibhausgasen, insbesondere CO_2, in Zusammenhang mit dem Bau und Betrieb von Sportstätten und der Ausübung von Sportaktivitäten sollten vorrangig folgende Maßnahmen ergriffen werden:

- Ermittlung des Klimaschutzpotenzials in kommunalen und vereinseigenen Sportstätten
- Umfassende Informationen von Sportverbänden und -vereinen und kommunalen Sportverwaltungen über Möglichkeiten der Energieeinsparung, die Nutzung regenerativer Energien und vorhandene Fördermöglichkeiten
- Erprobung alternativer Finanzierungsmöglichkeiten auch Einsatz eigener Investitionsmittel
- Attraktive Informationen der Sportstättennutzer über realisierte Energieeinsparungen
- Erprobung von Möglichkeiten zur Verringerung des Treibstoffverbrauchs und des sportbezogenen PKW-Verkehrs
- Erarbeitung eines Konzepts für eine nachhaltige Sportstättenentwicklung als Grundlage für zukunftsorientierte Planungs-, Bau- und Sanierungsentscheidungen

Ökologische Zukunft des Sports

Seit dem Jahr 2000 kam es zu vermehrten Maßnahmen seitens der Regierungskoalitionen für einen verbesserten Klima- und Umweltschutz. Durch Maßnahmen wie die ökologische Steuerreform oder das „100000-Dächer-Solarstrom-Programm" erzielten sie in vielen Bereichen der Gesellschaft einen anerkannten Durchbruch. Diese Projekte sind langfristige Projekte. Die Anerkennung eines globalen Klimaschutzzieles verfestigt das internationale und raumübergreifende Prinzip des Sports. In einem zukunftsfähigen Sport kann somit auch ein moderner ökologischer Sport gesehen werden.

Mit Fug und Recht kann behauptet werden, dass der Markt mit zunehmendem Umweltbewusstsein „boomt". Regenerative Energien wie Solar- und Windenergie sowie Biomasse haben ihren Markt gefunden.

Nachhaltige Zukunft des Sports

Zukünftig ist es von großen Nöten, eine im Dialog fortzuentwickelnde Zusammenarbeit des staatlichen Systems mit den Sportorganisationen zu fördern. Klare Zielausgaben müssen im Kern verankert sein. Die Bereiche, in denen der Staat indirekt und direkt finanziert, müssen primär Nachhaltigkeitswirkungen als Entscheidungskriterium berücksichtigen. Diese Kriterien musste der Sportstättenbau bereits bei der Standortwahl ansetzen.

Zusammenfassung: Klimaschutz und Sport

Der globale Klimaschutz ist eine der größten umweltpolitischen Herausforderungen der heutigen Zeit. Durch die übermäßigen Emissionen der Treibhausgase wird das Klima derzeit im globalen Maßstab verändert. Ein Großteil der weltweiten Freisetzung von Treibhausgasen stammt aus den Industrieländern, deren Bevölkerung - rund ein Viertel der Menschheit - für drei Viertel der globalen CO_2 Emissionen pro Jahr verantwortlich ist.

Eine zukunftsfähige Energieversorgung kann demnach nur durch drei Strategien sichergestellt werden:

- Minderung des Bedarfs an Energie und Energiedienstleistungen
- Förderung und Einsatz von Technologien zur rationellen Energieversorgung
- Ersatz konventioneller durch regenerative Energieträger

Trotz vielfacher politischer Initiativen im letzten Jahrzehnt scheinen die hochgesteckten Ziele nur schwer erreichbar zu sein. Neben der Wirtschaft sind auch alle anderen gesellschaftlich relevanten Gruppen gefordert, aktiv zu einer Verringerung der Energieverbrauchs und einer ressourcen- und klimaschonenden Energieversorgung beizutragen und mit Nachdruck auf eine nachhaltige Wirtschafts- und Lebensweise hinzuarbeiten. Dies gilt im Sportbereich sowohl für sportliche Großereignisse als auch für den heimischen Sportverein.

4. Beispiel: Olympische Spiele und Paralympics 2004 in Athen

In dieser Arbeit werden am Beispiel der Olympischen Spiele und Paralympics 2004 in Athen die sportliche Leistungsfähigkeit unter subtropischen Klimabedingungen dargestellt sowie die zukünftig ökologische Nachhaltigkeit von Sportereignissen aufgezeigt.

Stehen wichtige Trainings- und Wettkampfereignisse in Regionen mit besonderen klimatischen Bedingungen wie hohe Lufttemperatur und hohe Luftfeuchtigkeit an, stellen sich für Athletinnen und Athleten sowie den Betreuerstab viele Fragen, die im Regelfall durch Empfehlungsschreiben des Bundesinstitutes für Sportwissenschaft (BISp) im Voraus geklärt werden. Dazu gehört vor allem die Einstellung auf klimatische Verhältnisse und die damit verbundene Anpassung des Trainingsverlaufs an vorherrschende Bedingungen

Im Fokus stehen vor allem physiologische Reaktionen des menschlichen Körpers auf Hitze, hohe Luftfeuchtigkeit und Smog - im Speziellen die Leistungssteigerung und -förderung. Die Wetterbedingungen (Abbildung 6) werden im Voraus prognostiziert und eine Abschätzung der zu erwartenden klimatischen Rahmenbedingungen auf Basis Temperatur- und Niederschlagsjahresmittelwerte gegeben.

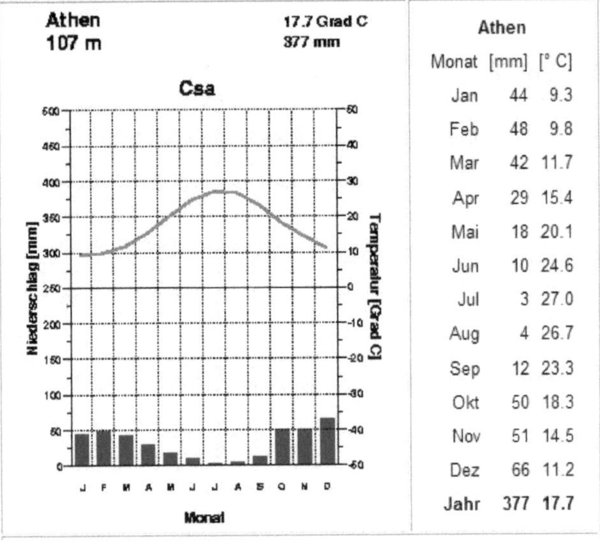

Athen		
Monat	[mm]	[° C]
Jan	44	9.3
Feb	48	9.8
Mar	42	11.7
Apr	29	15.4
Mai	18	20.1
Jun	10	24.6
Jul	3	27.0
Aug	4	26.7
Sep	12	23.3
Okt	50	18.3
Nov	51	14.5
Dez	66	11.2
Jahr	377	17.7

Abb. 6: Klimadiagramm Athen.

„Bei einer sehr geringen Niederschlagsmenge liegt der Tagesmittelwert für die Temperatur im August im langjährigen Mittel bei 26,7°C. Dabei betrug das mittlere tägliche Temperaturmaximum im Zeitraum zwischen 1998 und 2002 durchschnittlich 33,7°C bei einer Luftfeuchtigkeit von 55%." (Dickhuth 2004: 5ff.). Allerdings muss berücksichtigt werden, dass es an einzelnen Tagen zu deutlich höheren Werten kommen kann. Da in Athen bereits der durchschnittliche Wert für das tägliche Temperaturmaximum fast 34°C erreicht, muss damit gerechnet werden, dass die maximalen Tagestemperaturen über 40°C liegen können. Möglicherweise galt dieser Wettkampf 2004 als die heißesten Olympischen Spiele.

Auch die Angaben der zu erwartenden UV-Strahlung wurden abgeschätzt. Diese erfolgen durch den international gültigen UV-Index (UVI). Er beschreibt den am Boden zu erwartenden Tagesspitzenwert sonnenbrandwirksamer UV-Strahlung. In Griechenland wurde mit einem maximalen UVI-Wert von neun gerechnet (Sommer). In einigen Ländern am Äquator werden bspw. UVI-Werte von 13 gemessen, hingegen in Berlin im Monat August bei Sonnenschein Werte um fünf ermittelt werden. Bei den damalig prognostizierten Umgebungsbedingungen für Athen dürfte ein Marathonlauf bei einer Laufgeschwindigkeit mit einer Endzeit von 2:10 Stunden keine ausgeglichene Thermobilanz erreichen. Die maximale Wärmeabgabe würde unterhalb der Wärmeproduktionsrate liegen. In diesem Fall wird von nicht-kompensierbarem Hitzestress gesprochen. Viele Athleten hatten trotz der frühen Anreise und dem geplanten „Eingewöhnen" Probleme, den erreichten Trainingszustand und die erhoffte Höchstleistung zu erbringen.

Resümee

Sportliche Leistung bzw. Höchstleistung kann durch die Umgebungstemperatur, besonders bei gravierenden Unterschieden des Temperatur- und Luftfeuchtigkeitsgrades, stark beeinflusst und aus dem Gleichgewicht gebracht werden. Demgemäß sind der Trainingszustand und die erforderliche Leistungsfähigkeit eingeschränkt. Die Anpassungsfähigkeit des menschlichen Körpers hingegen ist enorm und zugleich notwendig, vor allem im Hinblick auf futuristische Klimaprognosen.

Ebenfalls ist der Klimaschutz eine gesamtgesellschaftliche Aufgabe. Hinsichtlich der Förderung von Klimaschutzmaßnahmen besitzen neben Sportorganisationen auch Sportstätten erhebliches Potenzial. Im Rahmen einer nachhaltigen Energiepolitik ist dieses bislang nur unzureichend ausgeschöpft worden. Um Klimaschutzmaßnahmen durchsetzen zu können, bedarf es einer gesamtgesellschaftlichen Strategie, die nicht nur auf verbesserte Fördermöglichkeiten setzt. Eines der absehbaren Ziele ist der umweltgerechte Betrieb deutscher Sportstätten in Form von Investitionen in Solarenergie und umsetzbare Energieeinsparungen.

Der Sport zählt sichtlich nicht zu den größten Energieverbrauchern, doch ist seine Bedeutung nicht zu unterschätzen, vor allem wenn es um gesellschaftliche und soziale Beziehungen und deren Multiplikatoreneffekt geht. Sportstätten besitzen erstklassiges Potenzial zur Energieeinsparung und -nutzung regenerativer Energien. Daher sollte zukünftig dieser Bereich durch finanzielle Ressourcen von Kommunen und Regierung gefördert werden, um langfristig ein nachhaltiges ökologisches Konzept zu realisieren.

Literaturverzeichnis

Ballentin, B. (1974): Über die Beeinflussung der körperlichen Leistungsfähigkeit durch aktivierende Kurbehandlung in Abhängigkeit von Trainingsbelastung, Trainingszustand und Jahreszeit. Marburg.

Dennis, S.S./Noakes, T.D. (1999): Advantages of a smaller bodymass in humans when distance-running in warm, humid conditions. In: Eur J Appl Physiol, Nr. 79, S. 280-284.

Dickhuth, H.-H. (2000): Einführung in die Sport- und Leistungsmedizin. Sport und Sportunterricht. Schorndorf.

Dickhuth, H.-H. (2004): Sport unter besonderen klimatischen Bedingungen. Am Beispiel der Olympischen Spiele und der Paralympics in Athen. Köln.

Eilers, S.(2009): Niedersächsisches Ministerium für Umwelt und Klimaschutz. Umwelt und Sport. Partnerschaft für die Zukunft. Hannover.

Frintrup, A./Schuler, H: (2007): Sportbezogener Leistungsmotivationstest: SMT – Manual. Göttingen.

Galloway, S.D.R./Morgan, R.J. (1997): Effects of ambient temperature on the capacity to perform prolonged cycle exercise in man. In: Med Sci Sport Exerc, Nr. 29, S. 1240-1249.

Haas, J. (1968): Untersuchungen über die körperliche Leistungsfähigkeit des Menschen in einem tropischen Klima. Köln.

Hollmann, W./Strüder, H. K./Diehl, J. (2009): Sportmedizin. Grundlagen für körperliche Aktivität, Training und Präventivmedizin, mit 91 Tabellen. Stuttgart.

Kanfler, F.H./Reinecker, H./Schmelzer, D. (1991): Selbstmanagement-Therapie. Berlin.

Kogler, A. (2006): Die Kunst der Höchstleistung. Sportpsychologie, Coaching, Selbstmanagement. Wien.

Neuerburg, H.-J. (2001): Sport und Klimaschutz. Dokumentation des 8. Symposiums zur ökologischen Zukunft des Sports vom-5.-6. Oktober 2000 in Bodenheim/Rhein. In: Sport und Klimaschutz. Frankfurt/Main.

Nielsen, B./Hales, J.R.S./Strange, S./Juel Christensen, N./Saltin, B. (1993): Human circulatory and thermoregulatory adaptations with heat acclimation and exercise in a hot, dry environment. In: J Physiol, Nr. 460, S467-485.

Internetquellen

Mühr, B. (2007): Athen. [Online] Available: http://www.klimadiagramme.de/Europa/athen.html vom 15.4.2010.

o. A. (2006): Klima-Studie: 2005 war wärmstes Jahr seit über einem Jahrhundert – Spiegel Online. [Online] Available: http://www.spiegel.de/wissenschaft/natur/0,1518,grossbild-569576-397149,00.html. vom 14.05.2010.